I Quaderni del Circolo

LA CONSERVAZIONE DELLA SALMA DI GIUSEPPE MAZZINI

NOTIZIE FORNITE DA
PAOLO GORINI

Edizione a cura di Sergio Fumich

ANDREANI
Circolo Culturale Anticonformista

L'ATTIVITÀ EDITORIALE DEL CIRCOLO CULTURALE ANTICONFORMISTA "ANDREANI" È PARTICOLARMENTE DIRETTA AL RECUPERO DI VECCHIE PUBBLICAZIONI E DOCUMENTI MANOSCRITTI CHE SONO STATI PARTE O DANNO TESTIMONIANZA DELLA CULTURA E DELLA STORIA DELL'OTTOCENTO E DEL PRIMO NOVECENTO. CON LA PUBBLICAZIONE DEI QUADERNI IL CIRCOLO INTENDE ADEMPIERE AI SUOI SCOPI STATUTARI CHE INDICANO COME PRIMO OBIETTIVO IL RECUPERO E LA VALORIZZAZIONE DELLA CULTURA LOCALE NELLE VARIE FORME ED ASPETTI CON CUI NEL TEMPO SI È MANIFESTATA, LA STORIA E LE TRADIZIONI DELLA CIVILTÀ AGRICOLA CHE NELLE DIVERSE EPOCHE HA ARRICCHITO IL TERRITORIO, LA STORIA DELLA GENTE DI BREMBIO E DEI SUOI LEGAMI CON IL CIRCOSTANTE TERRITORIO LODIGIANO, CON L'ALTRA GENTE LOMBARDA ED IN GENERALE CON LE VICENDE NAZIONALI.

LA CONSERVAZIONE DELLA SALMA DI GIUSEPPE MAZZINI
NOTIZIE FORNITE DA PAOLO GORINI

A CURA DI SERGIO FUMICH

PRIMA EDIZIONE NEI QUADERNI: OTTOBRE 2014

ISBN 978-1-326-04921-8

ANDREANI
CIRCOLO CULTURALE ANTICONFORMISTA
BREMBIO

Nota del Curatore

Paolo Gorini fece stampare nel 1873, a Genova, dalla tipografia del Regio Istituto Sordo-Muti, il libro, che riproponiamo con questa nuova edizione. Il libro conteneva informazioni sulla vicenda della salma di Giuseppe Mazzini e della sua conservazione, processo che egli stava portando avanti: *"Con animo trepidante mi accingo a scrivere di Giuseppe Mazzini, sebbene qui non si tratti dell'uomo grande, ma soltanto delle sue spoglie mortali"*. Nel libro, però, il Gorini non si limita ad una esposizione *giornalistica*, per così dire, degli avvenimenti e di come e quanto egli avesse operato a Genova sul corpo del Mazzini per conservarlo all'ammirazione dei posteri. Nel libro lo scienziato non solo descrive le sue esperienze riguardo alla imbalsamazione, ma perora anche, con ampie motivazioni, la causa della pratica della cremazione come soluzione più consona per la dissoluzione dei cadaveri. E sull'argomento aggiunge più specificamente un'appendice, intitolata *"La conservazione o la distruzione dei cadaveri umani"*, dedicandola *"Ai morituri cui ripugnasse il diventar pasto dei vermi, ed ai superstiti che desiderassero di non distaccarsi interamente dai loro cari trapassati"*.

Paolo Gorini era nato a Pavia il 28 gennaio del 1813 da Giovanni, professore di matematica, e da Martina Pelloli. A Pavia compì gli studi, prima presso il ginnasio del collegio di S. Salvatore, poi presso le scuole pubbliche di Canepanova, ed infine, dopo due anni trascorsi a Brescia, presso il collegio Ghislieri, che in quegli anni raccoglieva l'intellettualità pavese di sentimenti nazionali. Nel 1832 si laureò in matematica, due anni dopo ottenne la cattedra di fisica presso il liceo comunale di Lodi, città dove si stabilì e visse sino alla morte.

Il Gorini uomo di scienza era uno studioso versatile, intuitivo e dotato di grande spirito di osservazione. Dagli iniziali studi di matematica pura passò alle scienze naturali sviluppando proprie teorie e le relative applicazioni pratiche nei più vari campi del sapere scientifico: geologia, fisiologia, chimica, biologia. Come geologo, in particolare, sviluppò, sulla formazione dei vulcani e delle montagne, l'ipotesi del plutonio, un liquido primordiale "contenente nella sua massa parti gassose"[1] la cui esplosione, con la rottura della crosta terrestre, avrebbe determinato l'orogenesi. Gli ambienti accademici considerarono sempre con sufficienza le tesi del Gorini e soprattutto l'ambizione, che era in lui, di trovare nel plutonismo il principio unico capace di spiegare "tanto la vita delle montagne, quanto la vita dei vegetali e degli animali"[2]. Per contro, come ricorda Fulvio Conti nel *Dizionario Biografico degli Italiani*[3], alle sue ricerche si interessò molto la media borghesia, emotivamente coinvolta nelle dimostrazioni pubbliche organizzate dallo studioso per riprodurre in laboratorio i grandi fenomeni naturali e affascinata dall'idea che con il metodo Gorini si potessero prevedere i terremoti.

Il suo nome comunque resta legato all'operazione di imbalsamazione del cadavere del Mazzini, di cui parla in questo libro. L'intervento si protrasse per circa un anno e procurò al Gorini notevole fama, ma anche le vibrate proteste di quanti ritennero in questo modo violata la volontà inumatoria del defunto.

A partire dal 1872 il Gorini rivolse i suoi studi alle tecniche per la cremazione dei cadaveri, riuscendo alla fine a mettere a punto un modello di forno crematorio che trovò realizzazione nel 1877 a Lodi, a spese del Comune, e più tardi in altre città italiane ed europee. Gorini, anche grazie ad alcune pubblicazioni, divenne uno dei pionieri e dei massimi sostenitori del movimen-

---

1 L. Samarati, *Paolo Gorini: l'uomo e i tempi*, in *Archivio storico lodigiano*, s. 2, XI (1963), pp. 111-149.
2 P.M. Erba, *L'opera scientifica di Paolo Gorini*, in *Archivio storico lodigiano*, s. 2, XI (1963), pp. 95-110.
3 Fulvio Conti, *Paolo Gorini*, in *Dizionario Biografico degli Italiani*, Volume 58, Treccani (2002)

to cremazionista italiano, contro il quale la Chiesa pronunciò severe condanne, provocando la netta ostilità con cui la stampa cattolica lodigiana e nazionale guardò sempre alla sua attività scientifica. L'ostilità perdurò ben oltre la sua morte, avvenuta a Lodi il 2 febbraio 1881, dando luogo, tra altre azioni discriminatorie, ad una campagna denigratoria che riuscì a ritardare fino al 1899 l'inaugurazione a Lodi di un monumento alla sua memoria. Paolo Gorini ebbe a Lodi funerali civili e fu cremato nel locale cimitero di Riolo.

Lodi. Piazza S. Francesco e monumento a Paolo Gorini.

LA CONSERVAZIONE DELLA SALMA
DI
GIUSEPPE MAZZINI

AD
ADRIANO LEMMI
CHE DI SUA COSTANZA NELL'AMICIZIA

DIEDE NOBILISSIMA PROVA

LARGENDO COSPICUI MEZZI

PER LA CONSERVAZIONE DELLA SALMA

DI GIUSEPPE MAZZINI

QUESTE PRIME NOTIZIE

DELL'OPERA GIÀ MOLTO INOLTRATA

PLAUDENDO ALL'ATTO GENEROSO

DEDICA

PAOLO GORINI

I.

Con animo trepidante mi accingo a scrivere di Giuseppe Mazzini, sebbene qui non si tratti dell'uomo grande, ma soltanto delle sue spoglie mortali. Egli è che appunto davanti al cadavere degli uomini grandi ci si presenta nella sua più cruda nudità il formidabile problema della vita e della morte. La nostra mente, dalle contraddizioni che le si affollano innanzi, è gettata in una penosa perplessità e quasi sgomentata domanda a se stessa : com'è che qui vi è ancora tutto, eppure non vi è più nulla? Se ci comparisse sotto gli occhi un migliaio di cadaveri, li vedremmo tutti egualmente impotenti, e nella comune nullità ci sembrerebbero pressoché eguali. Ma se si potessero risvegliare li scorgeremmo affaccendarsi tutti per vie diverse, e presentar tutti dall'uno all'altro le più notabili differenze. Però tra il migliaio di questi risorti, quanti se ne troverebbero capaci di volare sopra gli altri per la potenza dell'ingegno e meritevoli che il loro passaggio attraverso alla vita sia ricordato dai posteri con orgoglio, come un fatto glorioso per l'umana famiglia? Ahimè! Sono a centinaia le migliaia che scompaiono senza lasciare alcuna traccia di sé: inchiniamoci pertanto ai pochissimi eletti che ebbero in sorte un così raro privilegio, tra i quali nessuno vorrà mettere in dubbio che un nobilissimo posto non spetti a Giuseppe Mazzini. E qui è bene il chiedere: in questo frale che somiglia a quello di qualunque altro uomo, non sarà scolpita la ragione che tanto in vita lo rendeva dagli altri uomini diverso? E se il segno del genio si può riconoscere ancora nella spoglia inanimata, non sarebbe a deplorarsi che un organismo così singolare e prezioso, così straordinariamente perfetto si abbandonasse alle forze di distruzione in modo che non ne rimanesse alcun vestigio? Né si dica: Non serve a nulla il conservare un libro, di cui non si sa leggere la scrittura; mentre a me pare che appunto deve essere conservato, affinché la scrittura misteriosa, tentando la curiosità degli studiosi, li stimoli a trovare il modo di decifrarla. Anche i geroglifici che si scoprivano nell'Egitto, si conservavano diligentemente, quantunque non si sapessero interpretare. Capitò poi il tempo in cui si giunse a spiegarli, e allora fu gran ventura, che fossero stati conservati.

Conserviamo gelosamente quei rari organismi, che hanno servito di tempio alla scintilla del genio, e forse un giorno verrà nel quale noi sapremo distinguervi quella nobilissima impronta che era propria di loro soli, e che quantunque fino ad ora sia sfuggita ad ogni ricerca, deve in essi esistere, rendendoli fra tutti gli altri mirabili e singolari. D'altronde se è indubitabile, come eloquentemente disse il Cantor dei Sepolcri che :

> A egregie cose i forti animi accendono
> L'urne dei forti...

quanto più grande entusiasmo non susciterà la vista di loro stessi conservati perpetuamente, e resi più incorruttibili, che se l'anima tuttavia continuasse ad agitarli! Non dico che sia conveniente estendere la pratica della conservazione ad ogni sorta di trapassati, anzi dico precisamente il contrario. Se ciò si facesse, in breve tempo i vivi si accorgerebbero di esser ben pochi a paragone dei morti, perché questi vanno continuamente sommandosi, e quelli non fanno che mutarsi. Comincia a diventare d'ingombro anche il loro soggiorno nei cimiteri, specialmente dopo che si vanno facendo sempre più larghe concessioni alla pietà dei superstiti, i quali aspirano ad eternar la memoria dei loro cari trapassati mediante durevoli monumenti, e ad acquistar per loro un luogo di riposo che sia perpetuamente intangibile. Abbiamo già il presentimento che in tempi non troppo lontani i più vasti cimiteri diventeranno insufficienti allo scopo, inconveniente a cui non si potrà riparare, se non che incorrendo in un inconveniente assai più grave, quale sarebbe quello di allargare fuor di misura il giro del mesto recinto. E contro il mantenimento dei cimiteri protestano ragioni più imponenti assai di quella del troppo ingombro ora accennato. Esistono forti motivi di salute pubblica , che c'impediscono di continuar lungamente su questa via. Non si può permettere che i morti siano causa di morte ai viventi, come pur troppo avviene per l'accumulamento dei cadaveri nei cimiteri; e l'importante questione fu ampiamente discussa nel Congresso Medico Internazionale, ch'ebbe luogo in Firenze nel 1869, e fu concluso colla condanna dei cimiteri, e colla raccomandazione di ritornare, pel dissolvimento dei cadaveri, al metodo antico della cremazione.

II.

Nel mese di Febbraio aveva tenuto la mia dimora in Milano per l'esecuzione degli esperimenti vulcanici, promessi già da un triennio; anzi a terminar le pendenze rimastemi in conseguenza di quegli esperimenti, avrei dovuto rimanere colà anche per molta parte del mese di Marzo; ma un po' affranto dalle fatiche, e travagliato da malattia polmonare, anticipai il mio ritorno a Lodi pel bisogno di riposare e di mettermi in cura. Arrivai a Lodi alla sera del giorno 8 ed alla sera del giorno 10 mi giunse il seguente telegramma:

«Vieni subito Pisa, preparar Salma Mazzini».

BERTANI, LEMMI, CAMPANELLA.

Questo dispaccio mi pose in tumulto tutti i sentimenti dell'animo. Sebbene dentro di me avessi sempre sentito pel grande patriota lo stesso antico affetto, misto di reverenza e di ammirazione, erano già molti anni che non mi teneva più in corrispondenza con lui. L'annuncio della sua morte mi riescì tanto doloroso quanto improvviso. Io non sapeva nemmeno che Mazzini allora fosse in Italia, né che la malattia di cui lo si diceva guarito a Lugano, lo avesse di nuovo assalito. Io, come dissi, mi trovava in pessimo stato: non era ben certo, che avrei potuto sostenere i disagi del viaggio, pure mi determinai di partire. Feci i conti di cassa e trovando di possedere abbastanza per far tutte le provviste necessarie all'imbalsamazione e far fronte alle spese della ferrovia, risposi subito col telegramma seguente:

Bertani. Pisa.
Quantunque ammalato, domattina, 12, sarò Pisa ore 10.
GORINI.

E così fu. Giunto a Pisa trovai alla Stazione Bertani e Lemmi, che subito mi condussero alla casa Rosselli, dove giaceva la salma di Mazzini, il quale era andato a passare gli ultimi suoi giorni ed a morire presso quell'ottima famiglia di amici a lui vivamente affezionati. In casa Rosselli rividi, dopo vent'anni di separazione, il buon Maurizio Quadrio, che dava sfogo al suo dolore con dirottissimo pianto. Eranvi molte delle persone più prominenti del partito repubblicano: Saffi, Campanella, i fratelli Nathan, Vivaldi Pasqua, Felice Dagnino, Avv. Domenico Busticca, ecc. Trovatomi per qualche istante solo con Lemmi, gli comunicai che aveva portato con me quanto occorreva per l'imbalsamazione, così usando il mio metodo, che conserva per sempre, ma che richiede un lavoro di molti mesi, quanto usando il metodo noto che conserva per breve tempo, ma che si sbriga in poche ore. E Lemmi mi disse, che era necessario attenersi a quest'ultimo in quanto che moltissima gente aveva mostrato il desiderio di vedere il cadavere, e che per conseguenza l'esposizione del medesimo non si poteva ritardare al di là del giorno dopo.

Salito al primo piano della casa rividi, profondamente commosso, le note sembianze dell'uomo, che aveva ammirato ed amato e che allora disteso sopra un adorno letticciuolo, giaceva privo di vita, avvolto in quel medesimo drappo a quadretti grigi e scuri, che già aveva avviluppato nel suo letto di morte il cadavere di Carlo Cattaneo.

Erano spenti i lampi che vibravano continuamente

dai suoi grand'occhi, e che pareva penetrassero nelle anime, e scrutassero i cuori; però il volto non era per nulla scomposto, né aveva perduto quell'espressione d'ineffabile bontà che esercitava un fascino irresistibile su tutti coloro che avevano la fortuna di avvicinarlo. Vedendolo mi sovvenne il giorno in cui gli fui presentato a Milano nel 1848 all'Albergo della Bella Venezia, e le molte ore passate con lui in amichevoli colloqui a Londra nel 1851, e poi mi si affollarono davanti alla mente tutte le principali vicende della sua nobile vita, cosi piena di abnegazioni, di sacrifici e di dolori, cosi piena di grandi concetti, di alti ardimenti e di rare virtù, e chinai il capo, mestamente pensando se non vi fosse qualche enorme ingiustizia in questa uguaglianza di trattamento a cui tutti indistintamente ci sottopone la morte.

Bertani venne a chiamarmi per condurmi in una sala, ove erano adunati i principali amici di Mazzini, intenti a deliberare circa il modo con cui doveva essere trattato il suo cadavere. Dietro quanto aveva udito da Lemmi, credeva che non vi fosse più nulla da discutere, e che sarei stato incaricato di conservare il cadavere di Mazzini coi metodi antichi.

In ogni modo credetti mio dovere dire qualche parola anche relativamente al metodo di mia invenzione, ed anzi chiesi il permesso di dar lettura di un breve scritto, ch'io serbava fra le mie carte già da lungo tempo, e che conteneva un confronto tra i metodi vecchi e il nuovo, e l'esposizione delle mie viste nella questione del trattamento dei cadaveri.

Pubblico per intero nell'Appendice questo scritto sebbene nella detta occasione non se ne sia letta che la prima metà.

Gli astanti seguirono con molto interesse quella lettura, e m'accorsi ben presto che l'opinione della maggioranza si sarebbe manifestata favorevole al metodo nuovo, e a questo modo sovra tutti gli altri la pensava Bertani; e infatti egli prese la parola per trasfondere anche negli indecisi la sua convinzione. «Non vi è a rimaner perplessi», egli disse, «fra un metodo che raggiunge l'intento di una conservazione indefinita e quelli che non lo raggiungono. D'altronde è degno di noi, è degno del grand'uomo che vogliamo onorare l'offrirgli le primizie di un metodo che verrebbe inaugurato con lui, piuttosto che gli ultimi ritagli di un metodo vicino al tramonto».

Io dissi che per mia parte non aveva nessuna difficoltà ad usare il mio metodo, che anzi lo desiderava, ma credeva mio debito di richiamare l'attenzione sul fatto della lunghissima durata dell'operazione, e della necessità in cui mi trovava di conservare il segreto, per cui bisognava pensare che per tutto quel tempo il cadavere sarebbe stato sottratto alla vista di chicchessia. Ciò intanto cominciava ad essere d'impedimento alla promessa esposizione e poi richiedeva concessioni e condizioni quasi impossibili ad ottenersi. Ma il Bertani, quanto al primo punto rispose: che l'esposizione si sarebbe potuta fare nel giorno stesso, avanti che s'incominciassero le operazioni per la conservazione; e quanto all'altro punto, confidando in quella sua energia che non si è mai smarrita davanti ad ostacoli molto superiori, non esitò ad assicurarmi che tutte le concessioni necessarie mi sarebbero state fatte, e tutte le mie condizioni sarebbero state rispettate ed adempiute.

Io non aveva più nulla da opporre: restava a vedere se gli altri convenivano nell'opinione così ricisamente espressa dal Bertani. In generale pareva di sì; ma là vi era una persona immersa in profondo dolore , una donna che fu amicissima di Mazzini, molto benemerita del partito e molto stimata da tutti, che manifestavasi assai esitante a dare il suo consenso. Era la signora Sara Nathan, un'Inglese, la quale divideva co' suoi connazionali la opinione, che il mettere mano ai cadaveri, sia una specie di profanazione, e che il meglio che si possa fare per essi è di lasciarli tranquilli e non far nulla. Però non volle che il suo parere pesasse sulla volontà degli altri; chiese che la cosa fosse posta ai voti e dichiarò che si sarebbe conformata alla decisione della maggioranza. I voti furono pressoché unanimi per la conservazione col mio metodo, e la signora Nathan accettò quella decisione, e si comportò come se l'avesse anch'essa desiderata.

Io sentiva di assumere il peso d'una immensa responsabilità, però non poteva e non voleva retrocedere; soltanto domandai che il Bertani volesse aiutarmi nella preparazione ed associarsi meco in tutti i lavori, al che egli subito acconsentì.

Stabilita la cosa, il cadavere venne trasportato al pian terreno acciocché quelli a cui premeva di vederlo potessero più facilmente soddisfare al loro desiderio; e infatti vi fu una processione infinita di visitatori, talché si può ben dire, che una gran parte di Pisa abbia preso le mosse in quel giorno verso casa Rosselli. Ad ora tardissima, quando la processione cominciava alcun poco a diradarsi, vennero chiuse le porte; ma alle continue domande che dal di fuori si facevano per entrare, fu ben d'uopo il riaprirle più d'una volta. Alla mezzanotte il cadavere non era per anco lasciato libero, e d'altronde non si sarebbe potuto toccare per allora, in quanto che doveva essere ancora visto da un gruppo di persone ragguardevoli aspettate da Roma, per la maggior parte Deputati ed amicissimi di Mazzini. La loro venuta era stata annunciata per telegramma, ed arrivarono verso la una dopo mezzanotte. Fra questi ricordo Benedetto Cairoli, Nicola Fabrizi, Cucchi, Asproni, Nicotera, Bresciamorra. Essi circondarono il letto mortuario e vi stetter d'intorno senza parole in atto di devota contemplazione. Un breve e commovente discorso fu allora pronunciato da Bertani, il quale concluse col promettere che il dì dell'anniversario avrebbero potuto di nuovo rivedere i tratti del perduto Maestro. Così fu preso l'impegno di mostrare il cadavere a mezzo il corso della preparazione. Io avrei preferito che si aspettasse fino a preparazione compiuta, ma d'altronde capiva benissimo, che non bisognava mettere a troppo difficile prova l'altrui pazienza, e ch'era già qualche cosa il potersi riserbare un anno intero pei lavori, senza che venissero interrotti.

III.

Verso le due ore dopo la mezzanotte, cioè nelle prime ore del giorno 13, il cadavere venne trasportato in una cameretta destinata ad uso di bagni e consegnato a Bertani ed a me.

    Dall'odore che tramandava dovemmo accorgerci che la putrefazione era già molto avanzata; ma quando lo scoprimmo fummo colpiti da uno spettacolo non aspettato ed assai scoraggiante. Le sole parti, che avevano conservato il color bianco naturale erano le estremità, cioè il viso, le mani ed i piedi: tutto il resto era diventato di color verde scuro. Gas puzzolenti distendevano le cavità del petto e del ventre e sentivasi fluttuar la putredine al disotto della pelle non solo nelle dette cavità, ma ben anche nelle gambe e nelle braccia fino alle articolazioni del ginocchio e del gomito. Di un cadavere in tanto sfacelo, che cosa si poteva mai conservare? Pure io non mi perdetti d'animo: poneva nel mio processo tanta confidenza, che sperava di poter subito arrestare il progresso della putrefazione, e far scomparire l'odore e repristinare il color bianco sovra tutta la superficie del corpo, e mi posi all'opera. Prima però diedi al Bertani una succinta descrizione del mio metodo e gli esposi ciò che dovevasi fare, e così lo misi subito in grado di coadiuvarmi in tutte le operazioni; per la qual cosa invero l'eletta intelligenza del Bertani era un sopprappiù, mentre il metodo è di tanta semplicità da poter essere immediatamente compreso e praticato da chicchessia. Non è però di tutti, anzi è di pochi, l'essere tanto più colpiti da una scoperta quanto più, dopo che la si conosce, par cosa facile che siasi fatta. Un uomo di comune intendimento avrebbe detto: come? è tutto qui? Invece Bertani mi disse precisamente ciò che mi aspettava da lui. «Per verità pare quasi incredibile che un mezzo così semplice possa fornire così importanti risultati! E come mai è sfuggito finora alle ricerche di tutti? Ma è un fatto conosciuto che l'uomo prima di accorgersi della via piana, bisogna che si arrampichi lungo tempo fra inospite balze e poco accessibili dirupi». E poi volle sapere se non fosse possibile accorciare il tempo richiesto alla preparazione, ma prima che io rispondessi, egli medesimo si era accorto che sarebbe possibilissimo il ridurlo a poche settimane, e me ne esponeva il modo.

 E così tra questi discorsi eseguimmo in compagnia le prime operazioni, le quali ebbero il potere di far diminuire sensibilmente l'odore, e ricondurre il color bianco alla metà inferiore del cadavere. Dopo di ciò, animato dalle migliori speranze, esortai Bertani a ritirarsi per riposare, ed io stetti tutta la notte a sorvegliare il cadavere ed a procedere nelle operazioni. Allora mi accorsi che la macchia scura, che distendevasi in quasi tutta la parte superiore del corpo, resisteva ostinatamente a tutti i miei scongiuri, ed anzi dovetti persuadermi che i segni della putrefazione invece di cedere andavano rapidamente crescendo. Quando mi fu consegnato il cadavere erano scorse poco più di sessanta ore dall'istante della morte, e per solito nei nostri paesi occorre molto maggior tempo affinché nel mese di Marzo si generi un guasto tanto profondo. Pare che ciò fosse provenuto dalla malaugurata circostanza, che in quei giorni spirava in Pisa un vento sciroccale assai caldo. Il fatto è che il guasto impediva al cadavere di sentir l'effetto de' miei lavori, e perciò, progredendo la putrefazione colla stessa rapidità con cui aveva cominciato, era da aspettarsi che in poco d'ora anche la pelle si consumasse e i gas puzzolenti e la putredine si aprissero la via per uscire. Aveva l'animo conturbato e tristissimo. Oramai credeva necessità di abbandonare l'impresa e non poteva darmene pace. Alla mattina del giorno 13 corsi all'Albergo d'Italia ov'era alloggiato Bertani per comunicargli le mie apprensioni e consigliarmi con lui. Recandoci insieme dall'Albergo verso casa Rosselli gli comunicai per via, che già un caso simile mi era occorso durante i miei esperimenti, e dettogli d'un espediente, che in quel caso mi aveva fatto vincere la difficoltà, ci mettemmo ben presto d'accordo sulla convenienza di ricorrere al detto espediente anche nel caso attuale. Lo si provò e se né ebbe un buon effetto. Intanto il progresso della putrefazione fu definitivamente impedito, ed i segni di quella già esistente almeno per metà cancellati. Allora potei francamente asserire che la conservazione del cadavere era assicurata. In quanto poi alla bontà dell'esito finale doveva mantenermi necessariamente sulle riserve, ed è quello che feci e che continuo a fare tuttora, in quanto che sono moltissimi i cambiamenti che soffre il cadavere passando dallo stato di mollezza a quello della completa solidificazione: questi cambiamenti ora ne migliorano assai l'aspetto, ed ora lo peggiorano, e non potendo appoggiare il mio pronostico sopra numerosi altri casi analoghi all'attuale, crederei che fosse da presuntuoso il permettermi di pronunciarlo.

Il fatto è che il giorno dopo, cioè il 14, si poterono sospendere le operazioni senza alcun pericolo che per ciò lo stato del cadavere avesse a deteriorare.

IV.

La città di Genova, che aveva dato i natali a Mazzini, si mostrò desiderosa di possederne le spoglie; epperò, non opponendosi alcuno, fu stabilito di dar soddisfazione alla domanda ch'era stata fatta da quel Municipio, ed il cadavere, allo scopo di spedirlo colà, fu rinchiuso entro una cassa di piombo contenuta anch'essa in una cassa di legno. Composto il cadavere entro la cassa, io pensai che le emanazioni fetide, accumulandosi durante il viaggio entro quel piccolo spazio chiuso, vi avrebbero generato un odore, che non solo sarebbe riuscito molestissimo a coloro che fossero stati presenti all'atto dell'apertura, ma avrebbe potuto recar nocumento alla loro salute, e versai nella cassa un bottiglione di una soluzione disinfettante ed aromatica, avente il duplice scopo di neutralizzare il miasma e di mascherare la puzza.

La doppia cassa ben suggellata e ricoperta di un ricco drappo nero fu collocata sopra un carro tutto nero, sormontato da ornamenti funebri dello stesso colore, guidato da un cocchiere vestito a lutto e tirato da cavalli neri di pelo e bardati di nero. Il tutto formava una sì gran mole, che per farla uscire dal cortile di casa Rosselli bisognò abbattere la porta. Il cielo velato di scuri nuvoloni salutava la marcia funebre con reiterati scrosci di pioggia temporalesca. Io teneva dietro al corteo che si incamminava verso la strada di ferro.

Ad onta del cattivo tempo, la via, per quanto fosse

lunga, era tutta gremita di gente. Ogni finestra, ogni sporgenza nei muri, portavano tante persone quante ve ne potevano stare: le inferriate dei piani terreni erano guernite di viventi al di dentro ed al di fuori; il parapetto del Lungarno, per le persone che vi erano di sopra in piedi, l'una serrata all'altra, pareva che fosse cresciuta d'altezza di tutta la statura dell'uomo. Insomma su quella via vedevasi schierata tutta la popolazione di Pisa, compresi i bimbi lattanti e i vecchi cadenti.

    Giunti alla Stazione, collocato il feretro sopra un apposito vagone, e sopra altri due saliti gli amici di Mazzini che volevano accompagnarlo, avendo io manifestato l'intendimento di approfittare di quel convoglio per tornarmene a Lodi, Bertani mi presentò immediatamente un biglietto di prima classe per la detta città, e m'invitò a prender posto vicino a lui.

    Il convoglio partì da Pisa verso la sera del giorno 14, ch'era in giovedì: arrivò a Piacenza ch'era in sull'albeggiare. Per tutte le città, nei borghi, nei villaggi, qualunque fosse l'ora della notte, la popolazione era desta ed in aspettazione, agglomerata lungo la ferrovia colle fiaccole accese e colle bande approntate: da per tutto vi furono acclamazioni rispettose, serie, solenni, quali si addicevano alla mesta circostanza: da per tutto , ove vi fu qualche fermata, le stazioni erano ingombre di gente, e da per tutto qualche oratore interpretava con acconce parole i sentimenti della popolazione: poi si udiva una risposta muovere dalle vicinanze del feretro, ed era una voce che amorevolmente sostituivasi a quella ch'era spenta per sempre. L'entusiasmo era indescrivibile e dominava egualmente lungo tutta la strada, il che significa ch'era egualmente vivo per tutta l'Italia. Scoppiava in acclamazioni all'avvicinarsi del feretro: le esplosioni si succedevano come se vi fossero stati cumuli di polvere disposti lungo la strada a cui il convoglio passando mettesse fuoco. A questo modo accompagnato da una continua ovazione, il feretro arrivò a Genova, talché si può ben dire che quella marcia funebre è anche stata una marcia trionfale. Eppure tutti gli onori che si fecero al cadavere di Mazzini durante il viaggio, mi si disse essere stati ben piccola cosa a paragone della dimostrazione che gli fu fatta in Genova nel giorno di domenica 17 del mese, quando fu portato al Cimitero di Staglieno, destinatogli a perenne riposo. Mi fu detto che nel Cimitero sventolavano più di cento bandiere appartenenti ad altrettante corporazioni, che vollero essere rappresentate in quella solennità. Le migliaia di persone non si poterono contare; era tutto un mare di popolo, che agitavasi colle sue onde viventi lungo la via che conduce al Cimitero, dove, dopo d'aver occupato tutto lo spazio che è destinato agli estinti, traboccava per un gran tratto da ogni parte anche al di fuori.

 Nei discorsi che si pronunciarono lungo tutto il cammino da Pisa a Piacenza, spiccava come principale fondamento il seguente concetto: se Mazzini è morto, il suo spirito vive più che mai. Il miglior modo di rendergli onore deve essere quello di lavorare pertinacemente all'attuazione de' suoi grandi concetti. E le moltitudini entusiasmate gridavano: sì, sì, questo è lo scopo nostro e lo raggiungeremo. E tutto procedette coll'ordine il più perfetto. Non si levò mai nemmeno una voce di protesta o di dissenso.

 Mazzini era da quarant'anni riconosciuto da tutti in Italia come il capo d'un grande partito politico. Ciò gli attirava le ire, le maledizioni, e le persecuzioni dei partiti contrari, che formano tuttavia la gran maggioranza ed hanno in mano la forza materiale ed il governo della Nazione. Dov'erano questi partiti e perché non si fecero vivi? Essi capirono che la dimostrazione dei Mazziniani era perfettamente legittima e la vollero rispettare. Anzi molti si mescolarono coi Mazziniani ad applaudire e presero sinceramente parte alla dimostrazione, credendo debito loro di fare omaggio, se non all'uomo politico, almeno al carattere integro, ed alla mente elevata. La conclusione di tutto ciò si è che nel nostro fortunato paese è penetrato nel costume delle popolazioni il rispetto di tutte le libertà, e i partiti vivono accanto l'uno dell'altro combattendosi senza guardarsi troppo biecamente, non abbandonandosi a feroci animosità od a grette intolleranze. E questa è una saggezza politica di cui gli Italiani hanno grande motivo di andare superbi, perché è prova incontestabile di molta civiltà, ed è il fondamento di tutti i progressi futuri. Altro buon motivo di consolarmi col mio paese, me lo porgeva il fatto stesso delle onoranze cosi spontanee e solenni rese alla salma dell'immortal pensatore. Il nostro grande Torquato fu posto sotto terra alla sordina, come uno sconosciuto qualunque. Ai funerali di Giuseppe Mazzini intervenne, si può dire, l'intera nazione col lutto nel cuore. Constatiamo e salutiamo l'immenso progresso. Però mentre il cadavere di Mazzini era accompagnato da tante ovazioni mi commoveva dolorosamente il pensiero che durante la vita egli era, costretto a ripararsi nei nascondigli, ed a mutar di nome per tenersi celato. Anche negli ultimi suoi giorni, rifugiatosi in Pisa, non si era fatto conoscere nemmeno dal Medico che lo curava. Gli hanno lasciato condurre vita mesta e tribolata per glorificarlo tanto dopo morte. Occorre davvero un altro progresso, occorre che s'impari ad onorare gli uomini grandi piuttosto durante la vita, che dopo la morte; ed io confido che anche questo verrà.

V.

Il trasporto della Salma di Mazzini al Cimitero di Staglieno venne fatto, come dissi, nella mattina della domenica. La sera a mezzanotte giunsi a Genova per poter riprendere i lavori, che a Pisa aveva soltanto incominciati. Alla mattina del lunedì mi recai a Staglieno e trovai, che il feretro era stato deposto nella cappella; d'intorno vi era un numero grande di persone ed alla porta stavano alcune guardie di città, che impedivano l'ingresso alla moltissima gente che si era radunata al di fuori. Le persone che facevano corona al feretro non si trovavano quivi per semplice curiosità: un importante motivo le aveva chiamate. Si trattava della consegna ufficiale del cadavere al Municipio di Genova. Vi si trovavano per conseguenza da una parte le principali tra le persone che lo avevano accompagnato da Pisa, incaricate di farne la consegna, e dall'altra parte, onde riceverne la consegna, vi erano insieme al Sindaco di Genova, Sig. Barone Andrea Podestà, alcuni Assessori Municipali, e varie altre persone fra le più autorevoli della città.

L'atto notarile della consegna era preparato in triplo esemplare. Si levò il coperchio del feretro; si pose allo scoperto la testa del cadavere e tutti quelli fra gli astanti, che avevano conosciuto Mazzini vivente si avvicinarono a guardare, allo scopo di poter fare testimonianza che quello che vedevano era proprio il di lui cadavere, e sottoscrissero l'atto, ch'era stato già firmato, tanto da coloro, che avevano fatta la consegna quanto dal Sindaco e dagli altri rappresentanti della città di Genova, ed al quale per ultimo apposi io pure il mio nome. Il giorno dopo, il cadavere era consegnato a Bertani ed a me , affinché ne continuassimo la preparazione.

Attigue alla cappella vi sono tre stanze destinate a servire di deposito pei morti di Genova prima del loro seppellimento. Il cadavere fu portato in queste stanze, le quali furono poste a nostra disposizione per lo scopo accennato. Furono prese tutte le precauzioni, affinché nessuno potesse né introdursi, né vedere, ed alla porta d'ingresso furono applicate due serrature delle quali una chiave fu consegnata a noi e l'altra fu ritirata dal Sindaco.

Il dì seguente ci mettemmo all'opera riprendendo i lavori stati interrotti a Pisa per motivo del trasporto. Bisognava disinfettare compiutamente il cadavere, cioè far scomparire la macchia e sopprimere l'odore. La pelle andava a poco a poco facendosi più chiara, l'odore diventava meno intenso, ma dal diminuire all'annullarsi corre una gran differenza. Il fatto è che qualche segno della macchia, e qualche po' di odore persistettero per tutto il mese di Luglio, e fu soltanto nel mese di Agosto che io potei dire che il cadavere era perfettamente disinfettato. A ciò nei casi ordinari si riesce in meno d'un giorno.

Intanto fin dal principio si era sparsa la voce che l'imbalsamazione era interamente mancata. Nel viaggio da Pisa a Genova, entrambe le casse soffersero e si scomposero. Il liquido puzzolente che vi era rinchiuso, nel trasporto dalla Stazione al Cimitero, andava disperdendosi, del che molti si accorsero per l'odore che tramandava. Infatti appena tolto il cadavere dalla cassa di piombo, rilevai che da essa il liquido era uscito, e vidi la screpolatura che gli aveva dato il passaggio. Siccome la cosa era affatto indifferente non me ne presi alcun pensiero, ma vi furono alcuni che molto se ne preoccuparono in vece mia, e vi fabbricarono sopra questo ragionamento. Il cadavere per conservarsi, usando il metodo del Gorini, ha bisogno di stare lunghissimo tempo immerso in una determinata soluzione. Ora la soluzione che doveva conservare il cadavere è andata dispersa, dunque la preparazione è diventata impossibile. E ciò non fu soltanto pensato e detto, ma anche pubblicato in qualche giornale di Genova. Non mi curai di smentire un'asserzione buttata là senza alcun solido fondamento, e forse feci male, perché ho dovuto persuadermi esservi un numero di persone assai considerevole, alle quali il buon senso non impedisce di avere le parole di un giornale come un articolo di fede.

La preparazione non era mancata, come se ne era sparsa la voce, ma però non procedeva bene quanto avrei voluto. Come va la preparazione di Mazzini? Ecco la domanda d'obbligo che immediatamente m'indirizzava chiunque incontravasi con me. E questa dimanda mi poneva in imbarazzo, perché nell'incertezza in cui mi trovava del risultato finale, non poteva rispondere in un modo risoluto, ma doveva usar frasi insignificanti od ambigue, che non accontentavano né chi domandava, né chi rispondeva.

VI.

La Società delle Letture Scientifiche, la quale mi ayéa moltissimo obbligato coi sussidii cortesi ed efficaci datimi per l'esecuzione degli esperimenti vulcanici, mi espresse il desiderio di vedere qualche saggio de' miei vecchi preparati. Ed io che non avrei potuto dare un rifiuto, se anche la cosa non fosse stata di mia convenienza, tanto più volentieri annuii in quanto che sperava me ne dovesse venire vantaggio.

Ai 5 di Luglio, nelle sale della Società, davanti ad un numeroso e dotto concorso di spettatori, apersi due casse contenenti in complesso una ventina di preparati. Fecero impressione una tabacchiera fatta di mammella vaccina, un calice lavorato al torno, della stessa materia, una mammella umana durissima e trasparente, ed alcuni pezzi di visceri tirati a bel pulimento. Poi mostrai un rospo preparato nel 1864, e che all'apparenza ben poco differiva da un rospo vivo; ed anche questo che è un brutto animale fu giudicato un preparato bellissimo. Ma ciò che maggiormente attirò l'attenzione di tutti fu l'ostensione di tre teste umane preparate in epoche molto diverse, cioè alla distanza di dieci anni l'una dall'altra. La più antica, appartenente ad una bambina, era stata preparata nel 1844 ed aveva viaggiato con me a Parigi e a Londra tanto nel 1846 quanto nel 1851. Le altre due appartenenti a due contadini furono preparate nel 1854, e 1864. Tutte e tre erano perfettamente consolidate, con una durezza alquanto superiore a quella del cuojo; tutte e tre conservavano abbastanza bene il volume e i tratti del volto, benissimo i peli. Gli occhi erano rimessi e non abbastanza soddisfacente il colorito. Questo è troppo scuro, ma col lungo tempo va diventando più bianco, cosicché sotto questo rapporto la testa che contava vent'otto anni di preparazione era migliore di quella che ne contava soli diciotto, e questa migliore della più recente che ne contava otto soli.

Dalle parole che mi furono indirizzate, dall'attenzione prestatami, da quanto fu pubblicato il giorno dopo sui giornali della città, ebbi motivo di persuadermi che i miei preparati avevano destato un vivo interesse in tutti quei che li videro, e ciò valse a riacquistarmi la fiducia anche pel lavoro importante che mi era stato affidato; inoltre fece invogliar di vederli molti di quelli, che non avevano potuto intervenire quella sera nelle sale della Società.

Mi trovai pertanto obbligato a fare una seconda ostensione de' miei preparati, il che fu la sera del giorno 24 nella casa del Prof. Riccardo Secondi, dove, nelle mie lunghe fermate a Genova, trovo sempre la più premurosa e cortese ospitalità. Le persone che convennero quella sera nella sala del Prof. Secondi, mi diedero anch'esse molte e non dubbie prove d'essere state pienamente soddisfatte. Questa seduta fu onorata ben anche dalla presenza del Sindaco.

Con ciò furono nel nostro paese disarmate tutte le contrarietà, le quali non potevano fondarsi fuorché sul timore, che il prezioso cadavere fosse stato, con troppo precipizio, consegnato a persona non abbastanza esperta nell'arte di conservarlo.

Ma in Inghilterra, fra gli ammiratori ed amici di Mazzini si manifestò un'altra specie di contrarietà, la quale prendendo di mira il fatto stesso della conservazione, mantenevasi indipendente dal successo, più meno completo, che la medesima potesse ottenere.

VII.

Il primo sentore della inaspettata opposizione degli Inglesi si ebbe in una lettera che porta la data di Londra 10 Aprile 1872, e che venne sottoscritta da 32 persone. Queste deplorano, *con sommo stupore e con dolore, che si voglia conservare la sembianza mortale di Mazzini, violando la santità della morte*, e chiedono il permesso di registrare *una protesta contro ciò che a loro parere è un sacrilegio*, e diffidano gli Italiani *a por fine ad una maniera d'onoranza, che sarebbe stata abborrente alla modesta natura di Mazzini, e contraria alla sua fede religiosa*.

La lettera trovasi per intero pubblicata sul giornale di Parma *Il Presente*, N. 104, 16 Aprile 1872.

Il N. 137 del medesimo Giornale sotto la data del 19 Maggio 1872, reca una lettera di Bertani, nella quale si trovano con maniere tanto dignitose quanto cortesi ribattute tutte le accuse contenute nella lettera superiormente citata. Eccone un brano che qui riporto a titolo di saggio.

«Tutta Italia, pochi mesi or sono, fu commossa ricevendo i resti mortali di Ugo Foscolo da noi lungamente desiderati, che gli amici suoi della vostra terra ospitale amorosamente curarono per oltre 40 anni».

... « E presso voi e presso noi, dischiusa, quella sacra tomba, si volle solennemente constatare l'identità di quel corpo, e si volle da noi serbato altresì alle scientifiche lucubrazioni il sembiante plastico di quell'uomo che per ingegno eletto e per l'anima ardente di libertà fu tanta parte nei primi risvegli della Nazione Italiana».

«Ditemi ora voi, rivela tutto questo adunque l'indifferenza pel corpo dell'estinto? Fu profanazione anche codesta della santità della morte? Fu sacrilegio codesto? E lo sarebbe stato del pari se invece di un corpo disfatto si fosse trovato Ugo Foscolo ancora composto e adagiato come dormente?».

E la lettera si chiude con queste nobili parole:

«E quando, fra non molti mesi potrò scrivervi: Amici , venite a rivedere Mazzini, che composto sul suo nuovo letto di riposo, dove sfiderà immutato le ingiurie del tempo, vuol dirvi ancora una volta addio, e voi pellegrinando al Cimitero Genovese, ravvisando l'amico, per genio e per affetto italiano, conservatoci quasi redivivo, resi più indulgenti con noi a quella vista, comprenderete quanto amore ci inspirasse nell'opera consacrata all'omaggio ed alla fede dei futuri. Noi ci ricambieremo fratellevolmente allora il perdono che già attende primo da voi e primo vi manda col cuore,

l'amico AGOSTINO BERTANI.»

La parola di pace inviata da Bertani, pare che non sia stata accolta, mentre poco dopo giunse, a lui stesso diretta, una lettera dall'Inghilterra in data del 2 Giugno, che comparve sul N. 161 del *Presente*, 13 Giugno 1872, nella quale si trovano le seguenti espressioni:

«La volontà sua (Mazzini) l'ha manifestata più volte *ed ancora, più altamente poco prima che ci abbandonasse per sempre*. Quella volontà fu di essere *seppellito*, non fatto spettacolo ai viventi, nella tomba della madre sua. Faccio appello al venerando ed amato amico e discepolo suo Maurizio Quadrio, uomo che non ha mai mentito, e che non mentirà se

dico il vero» ....
....

«Addio. È poco probabile che io torni a Genova: è certo che dovendoci tornare non andrei a veder l'opera vostra. Né scrivo più: per me basta il dolore di non aver potuto impedire che l'ultima preghiera di Colui, che *si è fatto angiolo*, sia stata negata dal popolo che tanto amò».

Questa lettera provocò una dichiarazione di Maurizio Quadrio la quale si può leggere nel N. 106 del *Presente*, 29 Giugno 1872, dove il fidatissimo amico di Mazzini, con quella specchiata onestà, che non fu posta in dubbio nemmeno da' suoi più acerrimi avversarii politici, fa testimonianza delle precise parole udite pronunciare da Mazzini; ed alla domanda, s'egli aveva espressa la volontà di essere *seppellito* nella tomba della madre sua, egli risponde d'averlo udito manifestare «il desiderio di *riposare* a lato di sua madre». Il che è cosa ben diversa, in quanto che la conservazione del suo cadavere non impedisce per nulla che sia adempiuto il suo desiderio di riposare a lato della madre sua, sebbene a dir vero non avrebbe impedito nemmeno che avesse potuto essere *seppellito* a canto della sua madre, se si potesse provare che questa fosse stata veramente la sua volontà.

Mentre in Italia succedevansi queste diverse pubblicazioni, i giornali Inglesi tempestavano in coro contro l'insana determinazione presa dagli Italiani di conservare il corpo del loro grande patriota. Possono vedersi a questo proposito il *Daily Telegraph* del 6 Maggio, il *Daily News* dell'11 e lo *Standard* del 13 del medesimo mese.

In tutti questi articoli si vede campeggiare un'idea

profondamente impressa nel cuore degli scriventi, ed è che la natura ha destinato le spoglie mortali dell'uomo a riposare nella quiete del sepolcro, dove insensibilmente le pagano quel tributo di cambiamenti, ch'essa pe' suoi fini misteriosi s'incarica di esigere da loro, e che per conseguenza è un sacrilegio, un'empietà, una profanazione, il mettere sopra di loro la mano e cambiare forzatamente quell'andamento di cose, che dalla natura stessa è prescritto.

Ciò ne spiega il perché si vede frequentemente ripetuta l'espressione, che si deve *rispettare la santità della morte,* frase poetica che, tradotta in lingua volgare, significa che si deve rispettare la putredine ed il lavoro dei vermi. I pagani intendevano il rispetto dei morti nel medesimo modo e non finivano più d'impietosirsi sopra quegli infelici cui si era lasciato mancare il beneficio della sepoltura.

In Italia di questo antico misticismo è sparita ogni traccia. Gli spiritualisti, credenti nell'immortalità dell'anima, pensano colla più non curante indifferenza al trattamento, qualunque esso sia, che si fa subire ai corpi inanimati, e non credono che ciò possa valere la pena di una protesta. I materialisti sanno che la corrente dei fenomeni cammina sempre del medesimo passo e che la somma dei movimenti che agitano la materia si mantiene rigorosamente costante, cosicché non si può mettere freno ad un moto qualunque, senza nel tempo stesso suscitarne un altro equivalente. Perciò nemmeno il materialista può seriamente preoccuparsi di un qualche caso d'impedita putrefazione. Che poi sia biasimevole questo opporsi alle viste della natura, impedendo un dissolvimento ch'essa vorrebbe operare io non posso crederlo, e tanto meno dovrebbero crederlo gli Inglesi che, essendo il popolo più industrioso dell'Europa, sono quelli che più facilmente e più frequentemente di ogni altro si possono sorprendere in flagrante delitto di violazione ai voleri manifesti della natura. Credono essi che la natura abbia fatto il frumento, perché sia schiacciato dalla macina, e poi buttato nell'ardente gola di un forno? E il vapore dell'acqua era forse stato destinato dalla natura ad essere imprigionato nella cavità d'un cilindro e a fare il lavoro di Sisifo sopra un embolo di ferro? Tutti i congegni che noi immaginiamo sono diretti a costringere la renitente natura a piegarsi ai nostri voleri; ed è appunto a dominare e a far violenza alla natura che viene particolarmente impiegata la potenza intelligente dell'uomo. Se incrociassimo le braccia lasciando camminar tutte le cose naturalmente senza modificarne l'andamento per la virtù della nostra intelligenza, questa stupenda prerogativa non avrebbe più ragione di esistere e noi ci troveremmo degradati al disotto dei più abbietti animali. Il principio di rispettar la natura tanto altamente proclamato dagli Inglesi davanti allo spettacolo dei cadaveri umani, è, fortunatamente per loro, da essi senza scrupoli, ed anzi con giusto motivo d'orgoglio, continuamente violato in tutte le altre circostanze. Gli Italiani non si arrestano nemmeno davanti ai cadaveri, e credono di dare una solenne prova di amore e di riverenza al loro grande connazionale impedendo alla natura di distruggere la sua salma e sforzandosi di conservarla intatta all'ammirazione ed agli omaggi di quei che verranno.

VIII.

Ora riprendo la storia della preparazione.

Ho detto più sopra come un po' di odore e i segni della macchia abbiano persistito fino al mese di Agosto. Dopo, lasciai il cadavere in riposo e non lo rividi più che in Ottobre. Allora era perfettamente disinfettato, ma mi accorsi che la parte più importante del corpo era proprio quella che presentava le maggiori imperfezioni. Alla testa era già riuscita di danno l'opera del modellatore il quale nel distaccare il gesso applicato alla faccia onde levarne l'impronta, depauperò di peli le sopraciglia e incise profondamente la pelle sulla tempia sinistra: e la preparazione non valse a conferire alla pelle del viso quel color bianco uniforme che si vede nelle altre parti del corpo.

Ora bisogna che mi prepari a mantenere la parola, colla quale si promise di lasciar vedere il cadavere nella ricorrenza dell'anniversario della morte. L'epoca è tanto vicina che i cambiamenti spontanei saranno insignificanti e il tempo manca per praticare novelle operazioni. Si dovrà pertanto esporlo nello stato medesimo nel quale ora si trova.

Le carni cominciano ad acquistar consistenza, sono tuttavia mobili le articolazioni; il colore, abbastanza bianco da per tutto, rimase alquanto scuro specialmente nella vicinanza degli occhi; la diminuzione di volume è leggerissima, ma vi è qualche piega nella pelle delle braccia e delle gambe.

A compiere la preparazione restano a praticare ancora le seguenti operazioni. Rendere più chiara la pelle del viso; dare consistenza alle carni e rigidezza alle articolazioni, correggere il restringimento delle parti; far scomparire tutte le pieghe o le rughe della pelle e finalmente mettere il corpo in assetto e dargli l'atteggiamento che si desidera. Per tutte queste operazioni occorre il tempo di un altro anno.

Il corpo di Mazzini ridotto in questo stato potrà conservarsi per un lungo periodo di anni, anzi io propendo a credere, che, a somiglianza delle antiche preparazioni Egiziane, potrà conservarsi per un tempo indefinito. Io ho cominciato i miei lavori trent'anni fa, e varii fra i miei preparati più antichi invece di deteriorare col tempo, hanno acquistato maggior bellezza, così che non solo sostengono il paragone coi più recenti, ma ben anche li vincono.

Assai generalmente coloro che parlano de' miei preparati li sogliono chiamare col nome di pezzi cadaverici pietrificati. Una tal denominazione è affatto impropria. È bensì vero che non è forse mai riescito ad alcuno come a me di poter convertire le parti molli degli animali in materie dotate di tanta durezza e consistenza da prestarsi assai bene, come se fossero di legno o di osso ai lavori del falegname o del tornitore; ma queste materie, se simulano l'osso, non hanno alcuno dei caratteri della pietra. Io sono di parere che la vera pietrificazione, cioè la conversione delle sostanze animali in materia che presenti tutti i caratteri delle pietre sia una vera impossibilità. È certo almeno che questo fatto non fu mai attuato né dall'arte, né dalla natura. Questa per verità co' suoi giuochi di prestigio ha saputo, per esempio, far comparire una vera pietra laddove esisteva un vero tronco di pianta; ma non è che la pianta siasi convertita in pietra, avvenne soltanto uno scambio di materie, e le molecole minerali hanno saputo rimpiazzare cosi perfettamente le molecole vegetali congedatesi, che la struttura vegetale rimase intatta e la pietra apparve foggiata a guisa della pianta. Questa sostituzione molecolare dei materiali minerali ai materiali organici si potrà forse ottenere anche coll'arte, ma allora avremo bensì fissata la forma organica, ma non già conservata la materia.

Per conservare la forma e la materia nel medesimo tempo bisogna accontentarsi di una minor durezza, il che per altro non diminuisce per nulla la garanzia di una lunghissima conservazione.

Ho enumerato quali sono le operazioni che ancora si richiedono a completare il lavoro, che mi venne affidato. Contando che il Municipio di Genova voglia continuare a concedermi il suo cortese e illuminato patrocinio e a fornirmi ancora tutte quelle agevolezze per le quali soltanto mi fu possibile condurre sino a questo punto l'opera mia, non dubito che potrò guidarla felicemente in fino al porto.

Prego coloro che visiteranno il cadavere di Mazzini nell'occasione di questa prima esposizione a sospendere il loro giudizio sino a che l'opera non abbia raggiunto il suo compimento. Credo che allora tutti quelli che non pretenderanno l'impossibile avranno motivo d'essere soddisfatti. Io mi proposi di conservare all'ammirazione dei posteri le sembianze di un uomo, che fu ammirato dai contemporanei per la eccellenza dell'intelletto, e che per le nobilissime doti dell'animo, fu amato da tutti coloro che lo avvicinarono. Io che tanto l'ho amato ed ammirato, mi dedicai con tutto l'impegno a conservarne la salma nel miglior modo che a me era possibile. Perciò posi a contribuzione tutti quegli artifizii che nella mia lunga pratica di più che trent'anni ebbi a riconoscere come i migliori e i più efficaci. Se ad onta delle originarie condizioni infelici del cadavere, arriverò, come oramai non posso più dubitare, ad ottenere l'intento, mi parrà d'aver conseguito un invidiato compenso pe' miei lunghi, faticosi ed increscevoli studii.

APPENDICE

La conservazione o la distruzione dei cadaveri umani

Ai morituri cui ripugnasse il diventar pasto dei vermi ed ai superstiti che desiderassero di non distaccarsi interamente dai loro cari trapassati.

I.

Quella necessità inevitabile che ci porta al fine della vita, è generalmente guardata dagli uomini con animo avverso. Ci ripugna il ritornare nel nulla da cui siamo usciti: abbiamo un attaccamento appassionato alla nostra esistenza individuale e questo affetto si estende ben anco alla materia di cui il nostro corpo è costituito ed alle forme entro cui s'era adagiata. Ciò ha fatto che ci dimostrassimo sempre un po' malcontenti della sorte che la natura ha destinata al nostro povero frale. Gli antichi Egizii alzarono lo stendardo della ribellione e cercarono di sottrarre i loro cadaveri all'effetto delle forze dissolventi della natura. I Greci ed i Romani non conobbero l'arte egizia e non poterono combattere la natura con altrettanto successo; però non si rassegnarono a restare interamente in sua balia: non sapendo impedire la dissoluzione studiaronsi di accelerarla. Ripugnanti ad abbandonare il proprio cadavere o quelli dei loro cari in preda ad una legione di vermi che lo divorassero e solleciti d'impedire che i morti, col fetore della putredine, generassero miasmi ed uccidessero i vivi, adottarono l'antico costume orientale di consegnare i cadaveri al fuoco, accelerando così il disfacimento e sorvegliandolo, e dopo raccogliendone le ceneri incorruttibili e conservandole religiosamente, il cristianesimo che nei suoi primordii traeva la sua forza dall'esercitare un' implacabile guerra alle caste allora dominanti ed alle costumanze da loro seguite, prese a combattere anche quella della cremazione dei cadaveri, e sotto il pretesto che questi son cosa abbietta e vile di cui è peccaminosa vanità il prendersi troppa cura, e per la ragione, che non bisogna far violenza al corso naturale delle cose voluto da Dio, proclamò l'intangibilità dei cadaveri, e generalizzò l'usanza di seppellirli nello stato in cui sono. Cessato però col tempo quel primo impeto di violenta reazione, anche le nazioni cristiane finirono col persuadersi che il regno della religione è quello delle anime, e che il modo di trattare i cadaveri privi dell'anima dovrebbe essere lasciato libero a tutti, e poter variare a norma del sentimento diverso dei varii individui. Cosi si vide, senza alcuna opposizione religiosa, tornar di moda in alcuni luoghi la pratica dell'imbalsamazione, ed anzi i vescovi furono i primi a darne l'esempio, cosicché per essi l'imbalsamazione è già un'usanza vecchia e generale. Ma quale è stato l'effetto della imbalsamazione che si costuma pei vescovi, e che venne adottata anche da molti privati? L'imbalsamazione, come si è praticata finora, salva difatti il cadavere dalla putrefazione, impedisce che i vermi lo rodano, conserva le ossa tutte unite, e, modellata sullo scheletro, conserva ben anche la pelle. Siffatta imbalsamazione che dà risultati inferiori a quelli già tanto meschini delle mummie egiziane, ha il pregio, di conservar bene, per qualche mese, anche le forme; epperò i cadaveri così preparati possono per alcun tempo, senza minacciar pericolo e senza destar ribrezzo, essere tenuti fuori dalla sepoltura, e si possono lasciare lungamente esposti, il che specialmente quando l'esposizione dura parecchi giorni, com'è il caso dei vescovi, non è solo cosa molto conveniente, ma diventa una vera necessità.

Di una tale imbalsamazione può dirsi che è un mezzo eccellente di conservazione temporanea, e un mezzo pessimo di conservazione definitiva. Io con un indefesso lavoro, prolungato per un trentennio, riuscii ad impadronirmi di un metodo che dà buonissimi risultati anche per una conservazione definitiva, e credo che finora non vi sia altro metodo che possa fargli concorrenza. È bensì vero che sulle Gazzette, in questi ultimi tempi, si vantarono spesso meravigliose scoperte destinate a conservar quasi come viventi le spoglie degli estinti, e si descrissero cadaveri così conservati, dotati di una singolare bellezza; ma è vero altresì che, scorsi pochi anni, di queste famose statue destinate a sfidare i secoli non si è più fatto alcun cenno, ciò che lascia credere che quelle statue logorate presto dal tempo, abbiano dovuto anch'esse discendere a nascondersi negli avelli, e che gli inventori e i giornalisti avessero in piena buona fede scambiata una bella conservazione temporanea per una bella conservazione definitiva, il che è tutt'altra cosa. Invece tutti i pezzi di cadaveri preparati col mio metodo furono visti alla distanza di dieci, di venti, ed ormai di trent'anni e furono sempre uguali a ciò che erano nei primi tempi dopo la loro preparazione.

Attualmente la questione relativa al trattamento dei cadaveri viene considerata sotto tre aspetti diversi. La grande maggioranza, animata da un'indifferenza più che filosofica, pensa che ciò che più di tutto conviene ai cadaveri sia di non occuparsene.

Quelli che credono di doversene occupare portano nell'nimo loro due sentimenti affatto opposti. Vi è chi non vorrebbe dividersi mai dai cari trapassati, ed anela alla conservazione dei loro cadaveri, come alla sola ancora di salute che renda ad essi meno dolorosa e meno completa la separazione. Vi sono alcuni di questi che volontieri si sottometterebbero a qualunque più gran sagrificio onde conservare agli occhi il supremo diletto di contemplare i tratti fidati delle persone che amarono durante la vita, e quasi crederebbero d'aver con ciò ritolto alla morte una metà della sua preda. Ma perché un tal sentimento possa essere convenevolmente soddisfatto occorre che le note fattezze, e il caro aspetto della persona non siano per nulla alterati, mentre ogni più piccolo cambiamento reca un acerbo dolore, che, ripetendosi sempre, finisce col diventare insopportabile. Di qui tutta l'immensa difficoltà per risolvere bene il problema, il quale non consiste soltanto nella conservazione del cadavere, ma nella trasformazione di questo in una statua incorruttibile, che abbia il merito di conservare con fedeltà l'espressione dell'uomo vivente. Questo è lo scopo al quale io mirai, al quale lavorai indefessamente per oltre trent'anni, pel quale sopportai stenti, privazioni, fatiche incredibili, non tanto addolorato della beffarda indifferenza degli uomini quanto dalle difficoltà continuamente rinascenti, che sempre mi allontanavano dalla meta, che pur sempre mi pareva vicina ad essere raggiunta. Era un vero miraggio, era un tesoro che mi brillava sempre davanti agli occhi pieno di seduzioni, ma che dalla cupida mano non si lasciava mai afferrare.

Ora, per quanto non ne abbia ancora raggiunto il pieno possesso, mi credo in diritto di dichiarare solennemente di aver la certezza che, su questo proposito, dai tempi più antichi fino al giorno che corre, non fu mai dato ad alcuno di poter fare altrettanto. Però ad ottener questo scopo occorrono operazioni diverse praticate a lunghi intervalli, cosicché il tempo sale a quasi un biennio. Erodoto dice, che gli Egizii, a preparare le loro mummie, impiegavano settanta giorni: io tengo la speranza che sia possibile abbreviare di molto il tempo richiesto alle mie operazioni e ridurlo al limite di quello impiegato dagli Egizii, ed anche molto al disotto. Questo è lo studio di cui sto ora occupandomi, e nel quale la scarsezza dei mezzi pecuniarii m'impedisce di procedere con qualche celerità. Finché le cose restano in questo stato, qualunque sia l'eccellenza dei risultati ottenuti è manifesto, che il mio processo non potrà mai essere posto a servigio di qualunque privato. La sola applicazione che già fin d'ora se ne potrebbe fare consisterebbe nel tramandare ai posteri inalterate le sembianze degli uomini illustri, cioè di quei personaggi a cui la Nazione decretasse l'onore di un monumento nel tempio di *Santa Croce* a Firenze, che è veramente il Panteon delle nostre glorie nazionali. Si dovrebbe considerare come il massimo degli onori concessi dalla Nazione ai più benemeriti cittadini che nel loro monumento potesse essere conservata all'ammirazione dei posteri la loro stessa persona.

Ai privati finora non potrei prestare l'opera mia se non che per le imbalsamazioni ordinarie, delle quali pure mi sono molto occupato tanto per facilitare la pratica dell'operazione, quanto per assicurarne il successo, quanto infine per adattar meglio l'imbalsamazione alle diverse circostanze ed alle diverse esigenze di coloro che ne richiedessero l'applicazione.

Con queste imbalsamazioni bisogna intanto rinunciare affatto alla pretesa di ottenere cadaveri, i quali, per quanto non si disfacciano, non siano destinati a scendere come tutti gli altri sotto terra, imperocché finiscono a deformarsi per tal modo che, dopo un tempo determinato, bisogna assolutamente sottrarli alla vista dei sopravviventi. Il tempo pel quale possono rimanere visibili ha limiti diversi a norma del modo tenuto nell'imbalsamarli. Vi è un modo per es. mediante il quale il cadavere è imbalsamato e non lo pare, tanto rimane inalterata la sua apparenza; ma questa imbalsamazione è la meno solida e la meno durevole di tutte, e in pochi mesi il cadavere è talmente deformato, che non si può più scongiurare la necessità di disfarsene. È questo per altro il miglior modo di preparazione per quei casi in cui si suol far del cadavere per alcuni giorni una pubblica esposizione, il che per es. è l'uso dei vescovi e di molte famiglie principesche.

Vi è un altro modo d'imbalsamare, in virtù del quale il cadavere cambia immediatamente d'aspetto inturgidendosi fuor di misura; ma questo ha il vantaggio, sopra il precedente, che non obbliga a un così pronto seppellimento, mentre il cadavere riprende a poco a poco il suo aspetto naturale, e con qualche altra cura che a tempo opportuno gli si presti, può rimanere allo scoperto anche per qualche anno.

Io poi conosco un terzo modo d'imbalsamazione, che dà risultati molto analoghi a quelli del modo ora descritto, e che ha la prerogativa di conservare al cadavere per diversi mesi la suscettibilità di prestarsi come un cadavere fresco al processo della conservazione a tempo indefinito.

Questo è tutto ciò che si può fare per dare, almeno in parte, soddisfazione al sentimento di coloro, cui riesce un dolore insopportabile il distaccarsi, per sempre e tutto in un tratto, dalle persone nelle quali avevano collocato quella misteriosa parte della propria anima ove hanno sede gli affetti.

II.

Ho fatto notare di sopra come vi siano moltissimi i quali non amano la conservazione dei cadaveri, parendo ad essi che ciò sia come un violare una legge naturale, la quale richiede il disfacimento dell'essere che fu colpito dalla morte, affinché la materia che lo costituiva possa in altri modi combinarsi, e rivivere sotto altre forme. A questi, generalmente parlando, poco gradisce anche l'abbandono del cadavere alla decomposizione spontanea, perché succede lenta e in un modo che mette ribrezzo, cosicché rabbrividiscono al solo pensarvi. Questi preferirebbero che invece del seppellimento, si fosse conservata l'antica usanza della cremazione, la quale per altro, nel modo con cui la praticavano nei tempi scorsi, non potrebbe più entrare nelle costumanze delle nazioni cristiane, rifuggenti dal fare del trattamento dei cadaveri un pubblico spettacolo, e dal consegnarli in preda alla curiosità degli oziosi. D'altronde quel modo primitivo di cremazione era dispendioso: richiedeva una catasta di legna, un tempo considerevole, e non dava i risultati i più soddisfacenti, in quanto che spesso l'operazione riusciva soltanto incompletamente: molte parti del corpo, invece di incenerirsi, restavano appena carbonizzate, e quel carbone era untuoso e puzzolento e le ondate di fumo che si svolgevano dal cadavere nell'atto della cremazione portavano da lontano l'odore e fors'anche qualche germe d'infezione. È chiaro che la cremazione non potrebbe più essere da noi adottata, fuorché nel caso in cui si trovasse qualche modo di compierla sotto condizioni affatto mutate. A ciò potrebbe assai bene supplire il fatto che ora passo a descrivere.

Io conosco una materia che portata ad elevatissima temperatura fornisce un liquido che in pochi istanti, in un modo veramente maraviglioso, dissolve ne' suoi ultimi elementi un cadavere che a lui si confidi; cosicché vedendolo tanto rapidamente scomparire, par proprio che il liquido se ne impadronisca e lo divori. Posto appena il cadavere sul liquido, questo si agita, quello dà fiamme lucentissime ed inodore, e si trasforma tutto in materie aeree trasparenti, limpidissime, che non si distinguono per nulla dall'aria atmosferica con cui vanno mescolandosi e nel cui seno si disperdono. Rimangono nel liquido soltanto le ceneri incombustibili, e queste, volendo, si possono con facilità da quello separare per via di decantazione o di filtrazione.

Io veramente, fino ad ora, per mancanza di mezzi, non ho potuto far le prove che sulle varie parti del cadavere umano prese separatamente; ma siccome trovai che tutte si comportano nel medesimo modo, così non mi può restare il più piccolo dubbio, che anche il cadavere preso nel suo complesso non si debba comportare egualmente. Mi duole che per l'accennato motivo non ho potuto valutare con esattezza il costo dell'operazione. Per altro posso dire con sicurezza, che quando l'apparecchio è montato e la materia portata alla temperatura voluta, la spesa per la distruzione del cadavere deve essere piccola assai. E poiché quando l'apparecchio è montato si può valersene per la distruzione successiva di un numero considerevole di cadaveri, così la spesa per ciascuno di questi deve andar diminuendo col crescere del loro numero. Credo di non allontanarmi dal vero calcolando che, per riscaldar la materia quanto è necessario, occorrerà il consumo di sette od otto quintali di *coke*; dunque circa 50 lire, e che per la distruzione di ciascun cadavere non occorrerà che la spesa di circa una lira, per cui se si avessero dieci cadaveri da distruggere, si dovrebbe sostenere una spesa totale di 60 lire, il che porterebbe a sole 6 lire la spesa necessaria per la distruzione di ciascun cadavere. È per altro da considerarsi che una tale accumulazione di cadaveri non si può presentare che nei casi di pestilenza o di guerra, e che per questi casi il processo sarebbe ancora troppo dispendioso[4]. Affinché in tali casi la pratica della cremazione dovesse essere generalmente adottata e preferita al seppellimento, bisognerebbe che la spesa fosse portata al disotto della metà, ed io non dispero di riuscire anche in ciò; ma finché non avrò potuto moltiplicare gli esperimenti, non sarò in grado di prendere in proposito alcun impegno. Per altro posso far osservare, che nei molti paesi abbondevoli di carbon fossile, ed ove questa materia si può avere ad un prezzo mitissimo, cioè circa alla terza parte di ciò che costa in Italia, anche il costo della cremazione dei cadaveri vien diminuito in proporzione, e riuscirebbe già contenuto

---

4 Ho ideato un mezzo mediante il quale credo che la spesa della cremazione per ciascun cadavere, trattato isolatamente, non oltrepasserebbe le sette od otto lire; ma non ho potuto ancora eseguire l'esperimento per un motivo affatto indipendente dalla mia volontà.

entro quei limiti, che renderebbero il processo della cremazione vantaggioso anche dal lato economico.

Indice

Nota del curatore..5
La conservazione della salma di Giuseppe Mazzini..............9
    I...11
    II..14
    III...20
    IV...23
    V...28
    VI...31
    VII..34
    VIII...39
Appendice..43
La conservazione o la distruzione dei cadaveri umani........43
    I...43
    II..49

www.ingramcontent.com/pod-product-compliance
Lightning Source LLC
Chambersburg PA
CBHW072255170526
45158CB00003BA/1085